TRAITÉ PRATIQUE

DE LA

CULTURE DE L'OSIER

ET DE

SON USAGE DANS L'INDUSTRIE DE LA VANNERIE

FINE ET COMMUNE,

ORNÉ DE QUATRE PLANCHES,

Suivi d'un Aperçu sur l'art du Vannier,

PAR

A. MOITRIER,

ANCIEN OUVRIER VANNIER.

Prix : 2 francs.

PARIS.

DUSACQ, LIBRAIRIE AGRICOLE DE LA MAISON RUSTIQUE,
Rue Jacob, n° 26,

CHEZ TOUS LES LIBRAIRES, ET CHEZ L'AUTEUR, A OGÉVILLER,
DÉPARTEMENT DE LA MEURTHE.

1855.

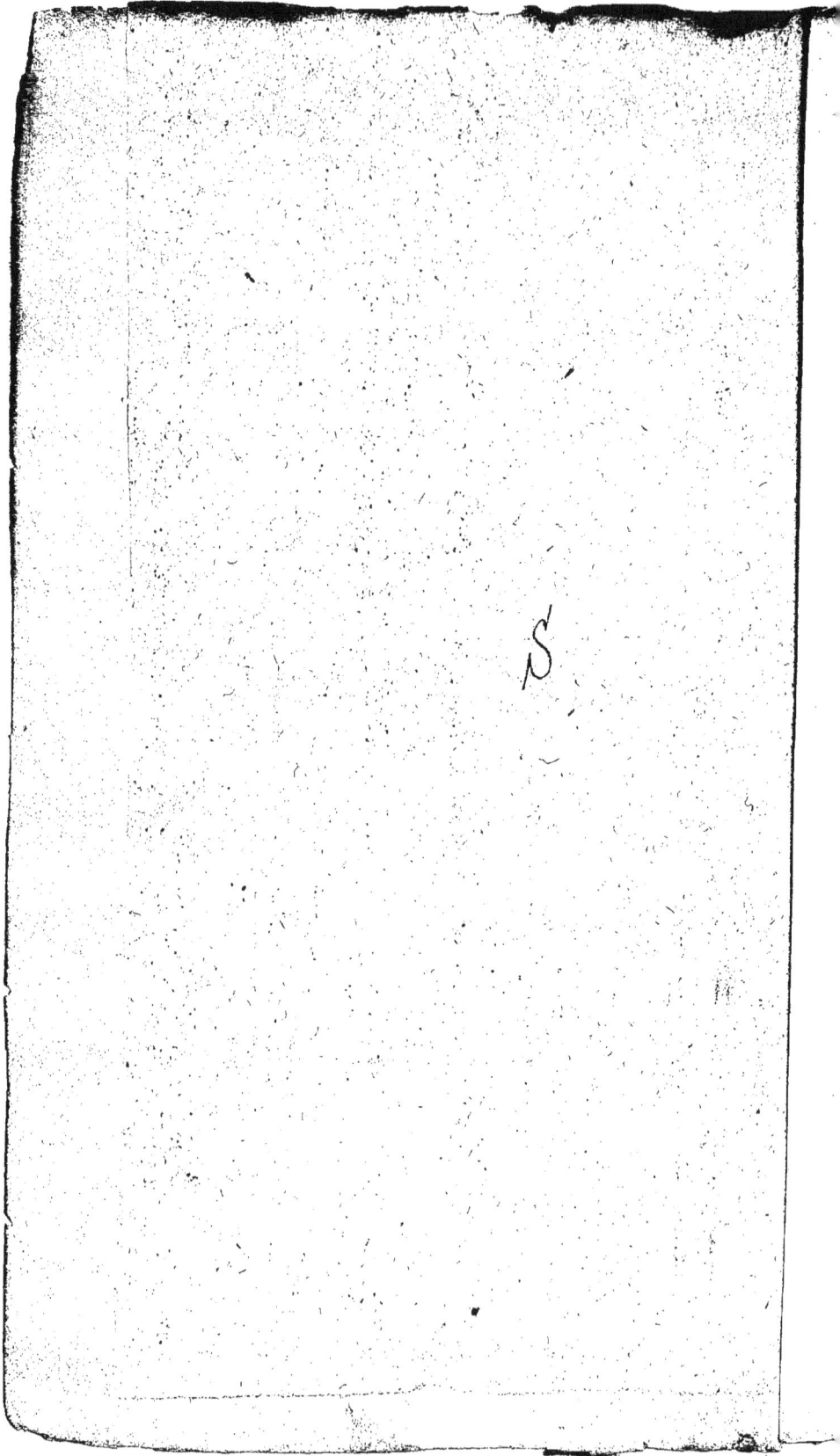

S

TRAITÉ PRATIQUE

DE LA

CULTURE DE L'OSIER

TRAITÉ PRATIQUE

DE LA

CULTURE DE L'OSIER

ET DE

SON USAGE DANS L'INDUSTRIE DE LA VANNERIE

FINE ET COMMUNE,

ORNÉ DE QUATRE PLANCHES,

Suivi d'un Aperçu sur l'art du Vannier,

PAR

A. MOITRIER,

ANCIEN OUVRIER VANNIER.

Prix : 2 francs.

PARIS.

DUSACQ, LIBRAIRIE AGRICOLE DE LA MAISON RUSTIQUE,
Rue Jacob, n° 26.
CHEZ TOUS LES LIBRAIRES, ET CHEZ L'AUTEUR, A OGÉVILLER,
DÉPARTEMENT DE LA MEURTHE.

1855.

AVANT-PROPOS.

Simple ouvrier vannier, j'ai parcouru la
France et j'ai remarqué avec peine, sur mon
passage, que l'on s'occupait fort peu de la
culture de l'osier. Elle semblait même in-
connue dans certaines contrées. Il ne manque pourtant pas de terrains convenables ;
mais, dans certains endroits, on ne s'occupe
nullement de l'osier, et, dans d'autres, cette
culture est si défectueuse, que le produit est
presque nul.

C'est pour parer à ce fâcheux état de choses

que je me suis proposé de publier ce petit
essai sur la culture de l'osier et le commerce
de la vannerie en général, ainsi que sur l'a-
venir qui leur est réservé.

J'ai pensé qu'un tel ouvrage méritait d'être
pris en sérieuse considération, et qu'il n'était
pas un maître, pas un ouvrier vannier, pas un
propriétaire qui, après avoir lu avec attention
ces notes, ne sentissent quels précieux avan-
tages on pourrait tirer de cette culture bien
dirigée, et je suis persuadé qu'on n'hésitera
pas à faire de nouveaux plants d'après la méthode que je vais indiquer.

Mon but est donc, en publiant cet aperçu,
d'être utile aux maîtres, aux ouvriers vanniers
et aux propriétaires de terrains peu productifs.

Il y a long-temps que je méditais cette pu-
blication; mais on comprendra qu'homme de
labeur et de commerce, et non pas écrivain,

j'aie hésité jusqu'à ce moment à livrer mes notes à la publicité. Je m'estimerai donc heureux
si j'atteins le but que je me propose : amé-
liorer cette industrie. De même que mon désir le plus ardent est de voir la routine faire
place au savoir, l'aisance au malaise, ma plus
grande satisfaction serait d'avoir contribué à
ce résultat. Tous mes efforts et mes recher-
ches tendent à arriver au perfectionnement
de cette industrie.

9

PREMIÈRE PARTIE.

DU TERRAIN.

Toutes les terres végétales, toutes les prairies peuvent être transformées en oseraies; mais nous ne voulons pas nous occuper, dans ce petit traité, des terres cultivées et en rapport. On sera toujours à même de faire des plants d'osier dans les bonnes terres, à condition qu'elles soient humides et peu susceptibles de se dessécher. Nous nous occuperons seulement, dans ce travail, des terrains humides, marécageux, fangeux, dans lesquels on ne peut rien faire produire.

Comme l'osier a besoin de fraîcheur, nous pensons que ces terrains, appropriés à cette culture par les procédés que nous allons exposer plus loin, pourront être convertis en belles oseraies et devenir, pour leur propriétaire, une nouvelle source de revenus. D'ailleurs, dans les localités où cette culture est déjà en bon rapport, elle est très productive. Nous n'avons pas besoin de dire que les terres calcaires, siliceuses et trop légères ne conviennent pas à la culture de l'osier, à moins d'avoir la facilité de les irriguer à volonté.

APPRÉTS DU TERRAIN.

—

Quand on voudra faire un plant d'osier dans les terrains dont nous venons de parler, on devra d'abord bien examiner de quel côté est la pente du terrain ; puis on tracera des sillons de six ou huit mètres de largeur, suivant que le terrain sera plus ou moins humide et les eaux plus ou moins stagnantes ; on creusera, le long de ces sillons, des fossés d'un mètre de largeur sur cinquante centimètres, au moins, de profondeur, en ayant soin que leurs côtés présentent des talus bien inclinés ; cela fait, on défoncera les sillons, qui formeront des planches.

Pour bien défoncer un terrain, on doit le faire à deux fers de bêche ; le premier, pour enlever la motte que l'on jette de côté sur la planche ; le second, pour faire la même opération.

Si le terrain est bien humide, on le draine avec des épines noires que l'on place dans la tranchée après le deuxième coup de bêche, et l'on recouvre avec les mottes, en mettant par dessus celles qui pro-

viennent du second fer et qui sont souvent de terre
meuble. Cette opération faite, et le lit d'épines placé
au fond de la tranchée, a pour effet d'élever le terrain et d'y former des cavités pour l'écoulement des
eaux. Nous indiquons ce mode de drainage, beaucoup
moins coûteux que celui avec tuyaux, pour éviter de
trop grands frais aux cultivateurs.

Ce travail terminé avant l'hiver ou avant le mois de
mars, subit l'influence du froid, puis, du 20 mars au
15 avril, suivant que l'état de la température le permet, on égalise bien le sol avec la herse ou le rateau ;
ensuite on procède à la plantation.

PLANTATION.

On se procure du plant de la grosseur, au moins, du petit doigt; plus il sera gros, mieux il vaudra; il devra être de la pousse de l'année.

Beaucoup de personnes ont l'habitude de se servir de plant de deux ans. Cela a un grand inconvénient; les ports du bois de deux ans étant beaucoup plus durs, les jets moins unis que ceux de l'année, la sève éprouve des difficultés pour monter. Il est donc de la plus haute importance de prendre du plant d'une année et bien vigoureux, car tout le succès de la plantation en dépend.

On sait que le têtard ou bouture, est le meilleur mode de multiplication.

DES MEILLEURES ESPÈCES D'OSIER

pour la Vannerie.

—

Le nom de l'osier change suivant les localités, sa qualité varie aussi selon la nature du terrain dans lequel on le plante.

Dans certains terrains il est mou et sans consistance, dans d'autres, il pousse bien allongé et sans moelle. C'est dans les terrains d'alluvion gras et bien profonds, qu'il se développe ainsi, tandis que dans les terrains mous et légers, il est sans force, trop moelleux et, conséquemment, de mauvaise qualité. On remarquera que la racine de l'osier ne s'étend pas, qu'elle ne s'écarte pas du pied et cherche la profondeur du sol, aussi doit-on choisir des terrains profonds ; l'expérience nous a démontré que c'étaient les meilleurs.

L'espèce préférable et la plus renommée est celle

connue sous le nom de *Romarin* ou *Queue de re-
nard*. Elle pousse droite et allongée, son écorce est
jaune. (Pl. 2, fig. 3.)

Ensuite vient l'espèce appelée *Petite grisette ;* elle
pousse un peu courbée au pied; elle est de bonne
qualité, mais ne vient pas aussi forte que la précédente. (Pl. 2, fig. 5.)

Une troisième variété, qui jouit d'une certaine fa-
veur dans la vannerie, est celle dite *Osier noir*, ainsi
nommée parce que son écorce est d'un gris foncé et ses
feuilles sont noirâtres. (Pl. 2, fig.4 .)

Il y a encore l'osier *vert* ou *franc*, aux rameaux
longs et droits, flexibles et soyeux ; puis la *Gravelan-
che*, qui diffère peu de la précédente. Ces deux der-
nières espèces sont de bonne qualité.

Il existe en outre d'autres espèces beaucoup moins
bonnes et moins productives, aussi n'en parlerons-
nous pas.

Les espèces spécialement en usage dans la tonnel-
lerie et le jardinage, sont l'osier rouge (fig. 1.) et l'osier
jaune (fig. 2.) que tout le monde connaît. Ces deux
variétés sont branchues et de bonne qualité. Dans
les pays vignobles ces variétés sont préférables aux
autres.

Leurs rameaux fendus sont employés dans la liga-
ture des cerceaux ; les petites brindilles servent aux
jardiniers pour le palissage, et les brins plus gros sont
utilisés pour faire les liens de fagots.

Nous n'avons pas besoin de dire que pour le choix
des espèces à planter on devra surtout consulter les
besoins des localités où la plantation sera faite.

On choisira donc pour le plant les espèces que nous
avons désignées plus haut. On donnera à ses brins ou
têtards une longueur de vingt-cinq à vingt-six centimètres. On tendra un cordeau, avec des nœuds,
pour marquer la distance que l'on devra donner au
plant, soit dans la longueur soit dans la largeur du
terrain, pour faire une plantation bien régulière. Le
cordeau ainsi posé, on fera dans la terre, avec un
plantoir en bois ou en fer, d'un diamètre un peu plus
fort que celui des brins, des trous profonds de vingt ou
vingt-cinq centimètres, dans lesquels on placera le
plant, en ne le laissant pas sortir du sol de plus de
cinq ou six centimètres. On aura bien soin de resser-
rer la terre autour du pied pour qu'il ne se dessèche
pas, et que le plant soit en contact avec la terre.

Lorsqu'on voudra obtenir de l'osier fort, on devra
laisser entre les pieds, disposés en quinconces, une distance de cinquante centimètres, qui serait réduite à
quarante centimètres si l'on voulait seulement récolter
de l'osier moyen, et notamment lorsqu'on plantera la
Petite grisette dont nous avons parlé plus haut; elle
ne vient pas très forte, ainsi que nous l'avons dit.

L'osier ainsi planté est de facile culture, l'air et le
soleil pénètrent partout; les pieds produisent beaucoup plus que lorsqu'ils sont rapprochés, l'osier de-

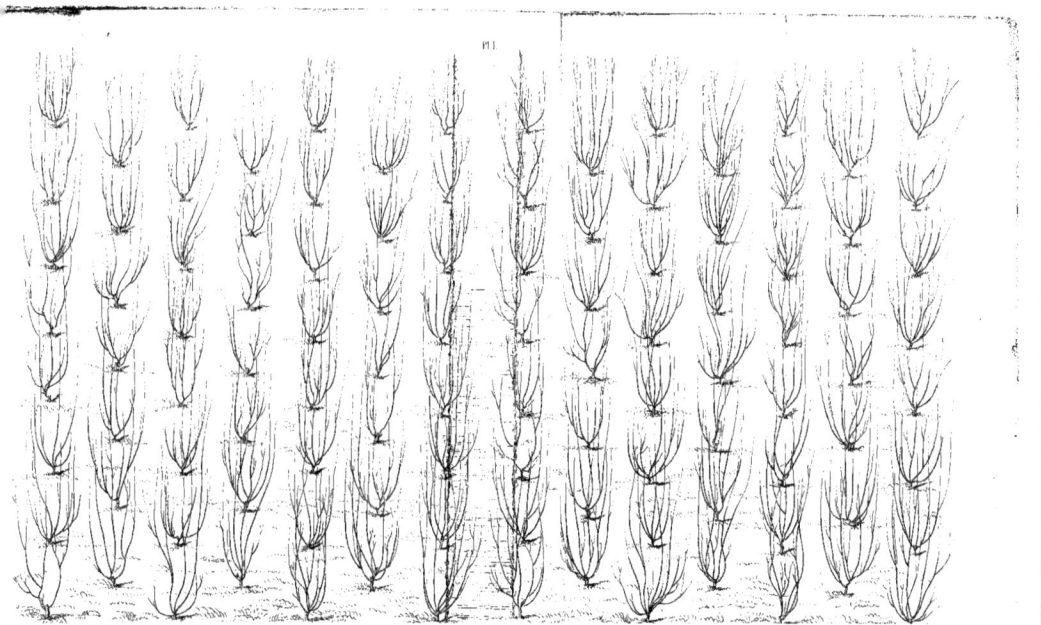

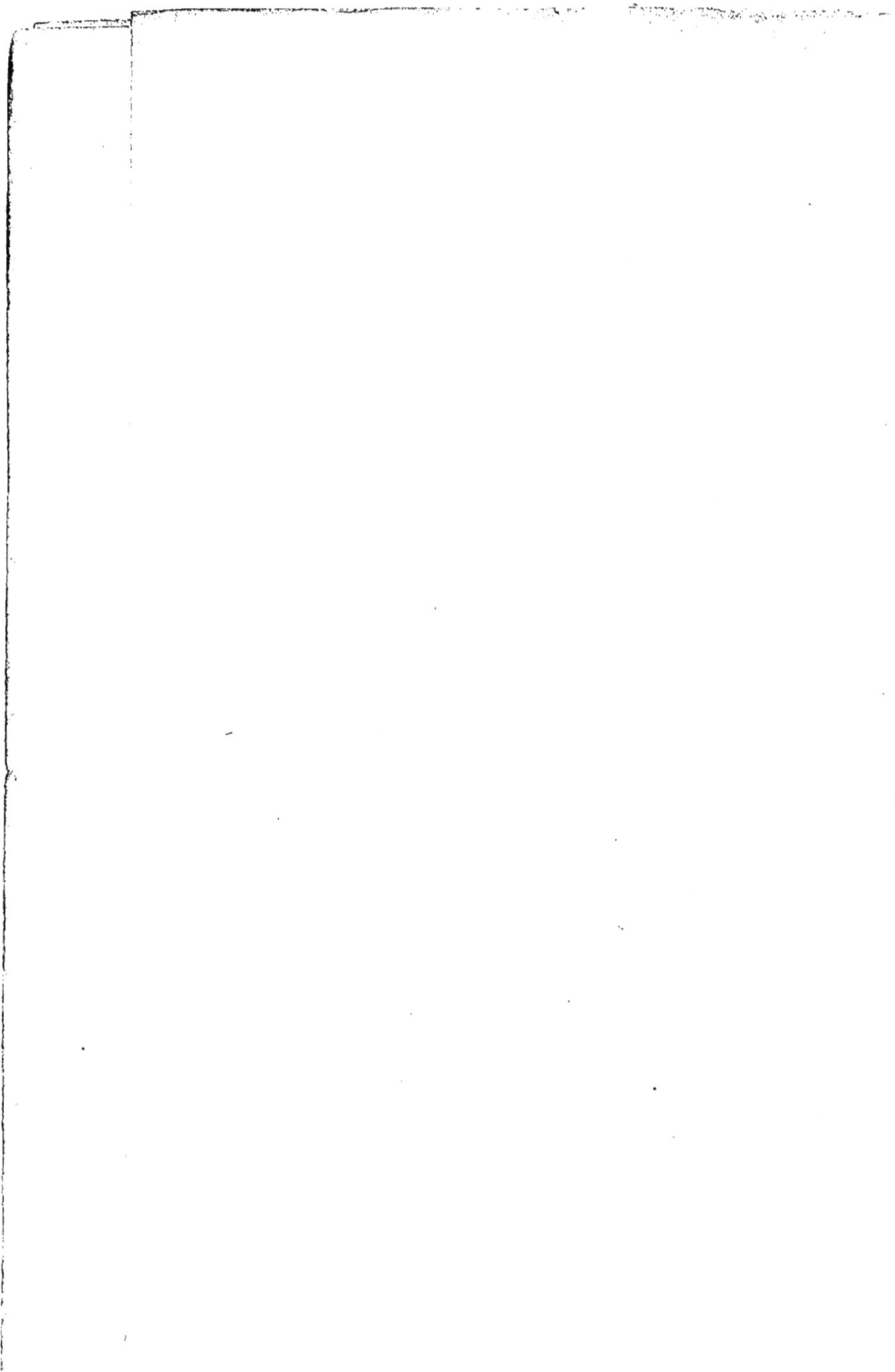

vient bien plus fort et le plant existe beaucoup plus long-temps. Dans certaines localités on a le défaut de planter trop serré : on ne peut cultiver, les herbes se mettent dans le plant et l'étouffent.

On devra bien se garder d'enfoncer le plant avec le pied, et veiller avec la plus grande attention à ce qu'il soit bien posé en terre dans sa position ascendante, pour que l'œil végétal pousse son jet dans la direction verticale. On suivra le même mode de plantation pour l'osier rouge et jaune, qu'il faudra seulement utiliser comme bordure le long des fossés d'assainissement. Ces deux variétés poussent en s'étendant beaucoup, aussi elles ne gênent pas les autres plants, et recouvrent les fossés qui bordent les sillons. .

Ces plantations, nous le répétons, doivent se faire du 20 mars au 15 avril. Plus tard l'osier serait en sève, quitterait son écorce, et ne pourrait plus d'ailleurs profiter des influences végétales du printemps.

Soignés et bien cultivés, comme nous venons de le dire, les plants d'osier pourront durer et produire pendant au moins quarante ou cinquante ans, tandis que dans certaines localités ils en durent à peine sept ou huit.

CULTURE.

La plantation une fois faite, quand l'herbe commencera à reparaître, il faudra donner un léger binage, en prenant bien garde de toucher aux jeunes plants ; cela pourrait nuire à leur végétation.

D'ordinaire, deux binages suffisent dans l'année pour détruire les mauvaises herbes qui poussent dans les plantations d'osier ; le second devra être donné avant le mois d'août pour que l'osier puisse profiter des derniers sucs séveux.

En un mot, cette culture est absolument la même que celle de la vigne et de la pomme de terre, il faut avoir soin de la tenir toujours bien expurgée des herbes parasites.

COUPE.

—◦◦◦—

La plantation étant faite au mois de mars ou avril, il faudra couper tous les ans, même la première année, l'osier n'eût-il poussé que très peu. Beaucoup de personnes négligent de faire couper la première année; c'est un tort grave. Non-seulement elles n'ont rien, mais elles ne récoltent, la seconde, que de l'osier de deux ans, qui ne peut servir dans la vannerie, si ce n'est pour l'emballage.

Nous croyons fermement qu'en opérant comme nous avons dit plus haut, on obtiendra une pleine récolte la deuxième année de la plantation.

L'expérience nous l'a démontré.

Dans beaucoup de localités, on coupe l'osier au mois de mai, quand la sève est montée; cela a un grave inconvénient; l'osier coupé et blanchi ainsi est de

moins bonne qualité ; de plus, la sève se trouve arrê-
tée dans son essor, et le pied ne produit alors que de
petits rameaux peu vigoureux ; et au bout de cinq ou
six ans le plant est dégarni et ne produit plus rien.

L'an dernier, nous avons planté, dans notre pro-
priété d'Antony, des planches d'osier, qui ont poussé,
dès la première année, de deux mètres et demi, avec
trois ou quatre brins à chacun des pieds du plant. De
nos amis des départements de Seine-et-Oise et de
Seine-et-Marne, qui ont planté d'après nos procédés,
dans des terrains à peu près improductifs, ont eu des
jets de trois mètres cinquante centimètres la même
année. (*Voir* pl. 1re.)

Un de ces cultivateurs, dans un terrain de trois arpents (soit un hectare, ou cent mètres de long sur
cent mètres de large), a récolté, l'année même de la
plantation, deux cents bottes d'osier, et je ne doute pas
que la seconde année il ne retire deux cents bottes
par arpent, soit six cents bottes par hectare.

Son plant d'osier lui constitue donc, comme on le
voit, un assez beau revenu, puisque les deux cents bottes d'osier ont été vendues, grises, sans être blanchies,
1 fr. 50 cent. la botte.

Pour faire la coupe de la première année, on aura
soin de couper les jeunes brins ou rameaux avec un
sécateur, afin de ne pas ébranler le pied, qui n'aura
pas encore eu le temps de bien prendre racine en
terre.

La deuxième année et les suivantes, on coupera le plus près possible de la terre et on aura soin que cette opération soit faite au plus tard à la fin de février.

Quand on voudra blanchir l'osier, on le coupera au mois de février. On le mettra en bottes de un mètre seize centimètres à peu près de circonférence, en ayant soin de bien égaliser les bottes par le pied et de n'y laisser aucune herbe.

L'osier ainsi lié, on le placera, le pied dans l'eau, à quatre ou cinq centimètres de profondeur ; le niveau de l'eau devra toujours être maintenu à la même hauteur.

Les bottes se toucheront dans les fossés ; elles seront debout et, autant que possible, abritées contre le vent, afin qu'elles ne soient pas renversées.

N'oublions pas de dire que tous les ans, après la coupe, on creusera les fossés, et qu'il faudra jeter le bourbier sur les plants. Les mauvaises herbes, si elles persistaient à repousser, seraient détruites. Quand on voudra vendre son osier sans être blanchi, on pourra le couper du 15 novembre au 15 février, on ne doit jamais le couper avant la chute des feuilles et quand la sève est en repos. Le bottelage comme à l'osier blanc.

DU PELAGE

Blanchissage de l'Osier.

—◦◦◦—

Vers le 15 avril, au moment où la température commence à s'adoucir, on voit pousser des chatons et des petites feuilles à l'osier que l'on a placé dans les fossés. C'est un indice du développement de la sève ; alors on doit commencer le pelage.

On fait faire ordinairement cette opération par des femmes et des enfants. Souvent on établit l'atelier à l'endroit même où l'osier a été mis à l'eau ; dans certaines localités, on le transporte à la maison et on le blanchit dans les granges, si l'emplacement le permet.

Pour peler ou blanchir l'osier, on se sert d'un piquet de dix centimètres ou quatre pouces de circonférence environ, qui est fixé dans le sol à la gauche du peleur. Ce piquet devra être, autant que possible, en bois dur ;

il se conservera beaucoup plus long-temps. Sa partie supérieure est fendue en quatre; on en enlève deux portions opposées, et les deux restantes présentent dans l'axe du bâton deux arêtes vives et tranchantes.

Dans beaucoup de localités, les vanniers font garnir les parties opposées du bâton avec du fer blanc ; l'osier glisse bien mieux ; mais cette méthode a l'inconvénient d'écraser souvent les brins les plus fins.

Le peleur prend un osier par le milieu ; il engage dans la fente du bâton une certaine longueur du gros bout, en serrant légèrement le plumoir de la main gauche et en tirant à lui de gauche à droite, de manière que l'écorce se fende. Il reprend ensuite l'osier par le petit bout et enlève, dans le plumoir, l'écorce qui se détache ainsi jusqu'à la cime du jet (1).

Nous sommes entrés dans tous ces détails pour les personnes qui, sans être vanniers, voudraient blanchir eux-mêmes leur osier.

L'osier étant ainsi blanchi, on aura soin, autant qu'on le pourra, de le placer au soleil ; on le tiendra exposé à l'air le long des murs, ou près de perches disposées à cet effet, pour qu'il sèche le plus promptement possible ; car plus il sèche vite plus il est blanc, qualité à laquelle on tient essentiellement.

(1) Nous ferons observer que cette opération s'exécute dans un moment où il n'y a pas de travaux aux champs, et que tout le monde peut s'y livrer sans fatigue, sans dérangement et sans apprentissage préalable.

Une fois l'osier sec, on le laisse en tas pendant
quinze ou vingt jours. Après ce temps, on le met en
bottes au moyen d'une mécanique que nous avons ima-
ginée (Pl. 4, fig. 46). Dans bien des localités, il y a déjà
de ces mécaniques, qui fonctionnent plus ou moins
bien, et dans d'autres on les lie tout bonnement avec
deux harts et on les serre avec les pieds ; l'osier ainsi
lié a de graves inconvénients, d'abord il n'est pas facile à transporter, ensuite la botte d'osier n'étant pas
bien liée, la poussière pénètre dedans et noircit, tandis
qu'avec notre mécanique on serre à volonté, la botte
peut être transportée avec sûreté et l'on n'a pas à crain-
dre que l'osier se détériore.

Dans certaines contrées, notamment à Nantes, à
Orléans et dans tous les environs de la Loire, on
donne aux bottes un mètre trente-deux centimètres,
de circonférence. Ce mode est peu convenable, les
bottes sont trop grosses, trop lourdes, trop diffi-
ciles à manier, par égard à l'habitude que l'on
a de ranger l'osier dans les greniers. Nous avons
vu des bottes qui pesaient jusqu'à quarante-cinq
kilos.

Dans d'autres localités, au contraire, les bottes n'ont
que quatre-vingts à quatre-vingt-cinq centimètres de
pourtour ; elles sont alors trop petites.

La règle générale et la plus commerçante est de donner aux bottes d'osier un mètre dix-sept centimètres
de circonférence. Les bottes de cette grosseur ne pè-

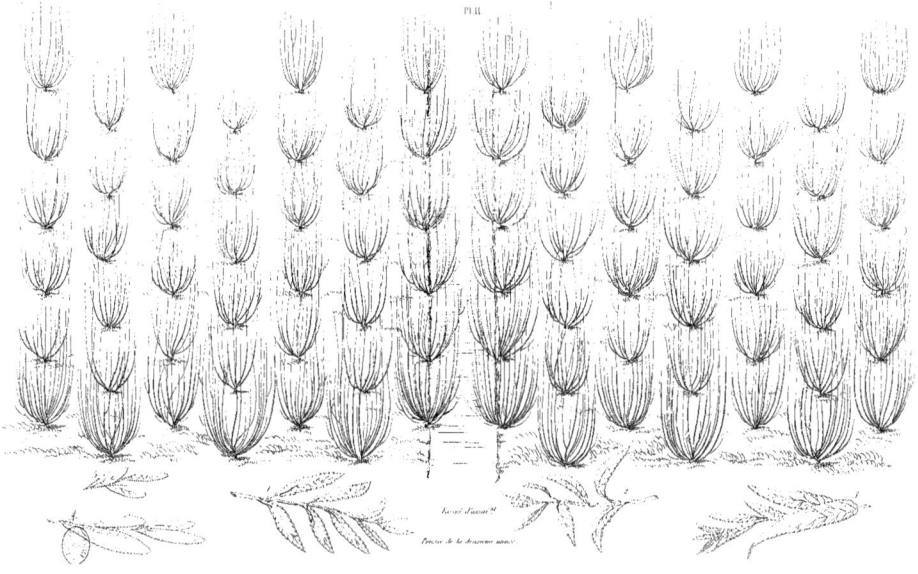

Pl. II

Raani d'Avana M.

Fossiles de la deuxième minerai.

sent pas plus de dix-huit ou vingt kilos, suivant la force et la qualité de l'osier, car plus l'osier est lourd, meilleur il est ; les bottes ainsi arrangées, sont bien plus maniables et bien plus commodes pour les ouvriers.

On lie les bottes avec deux hardiers pour l'osier ordinaire, et avec trois pour l'osier de trois à quatre mètres de long.

La première hart est mise à cinq centimètres du pied, avec une bride qui traverse sous la botte et se rattache au bas de la circonférence ; la deuxième se place aux deux tiers de la hauteur de la botte ; et, comme nous l'avons fait remarquer, on en ajoute une troisième pour l'osier fort. Mieux l'osier est lié, plus il est facile à transporter.

L'osier bien blanchi et bien sec peut se conserver cinq ou six années en magasin, sans rien perdre de sa qualité, à condition toutefois qu'il ne soit pas exposé à l'humidité, car alors il se pique et devient impropre à la fabrication de la vannerie.

DE L'AVANTAGE

QU'IL Y AURAIT A FAIRE DES PLANTS D'OSIER

dans

DES TERRES PEU PRODUCTIVES.

—ᐧᑕᑐᐧ—

Tous les terrains bourbeux produisent des roseaux, du jonc, et d'autres mauvaises herbes de très peu de valeur et bonnes seulement pour l'emballage. Aussi croyons-nous qu'il y aurait grand avantage à convertir ces mauvais terrains en plants d'osier.

DÉPENSES.

Nos calculs sont basés sur vingt annnées et s'appliquent à un hectare ou trois arpents que nous avons dit contenir cent mètres de long sur cent mètres de large.

Achat du terrain. Comme ces terrains que nous avons désignés plus haut ne sont que des terrains de troisième qualité, nous les mettrons à. . . .(l'hectare). . . 2,400 fr.

Préparation du terrain : défoncement, fossés et drainage. 300

A reporter. . 2,700 fr.

Report. . . 2,700 fr.

Achat du plant , pour espacer les pieds
de quarante centimètres. 300

Si l'on voulait les espacer de cinquante,
le nombre des pieds serait moindre et la
dépense aussi.

Plantation.. 60

Deux binages pour la première année. . 100

Intérêt à 5 p. 0/0 pour un an. . . . 158

Total de la dépense de la
première année. . . 3,318 fr.

PRODUIT.

L'hectare rapporte annuellement six cents bottes ;
toutefois nous ne compterons que sur quatre cents
cinquante, ce qui sera le minimum de la récolte.

Ces quatre cent cinquante bottes d'osier blanc,
bottelées sur un mètre dix-sept centimètres de pourtour, à 2 fr. 50 cent. la botte, produiront 1,125 f. »

A DÉDUIRE :

Pour coupe et bottelage
en vert à 20 c. la botte. . 90

Pour mise à l'eau. . . 30

Pour curage des fossés. . 45

Pour deux binages. . 100

Report. . 265 fr.

A .reporter. .   265 fr.

Pour bottelage en blanc.   22   50

Pour pelage de l'osier à
40 c. la botte.   180

Vingt journées d'homme
pour surveiller les ouvriers
pendant le pelage. .   .   .   40

Dépense à déduire.   .   .   507 f. 50 c.

Reste.   .   .   617 f. 50 c.

Reste à déduire encore l'intérêt à
5 p. 0/0 de la mise de fonds pour
achat du terrain et plantation, soit sur
3,318 f.   .   .   .   .   165 f. 90 c.

Reste un bénéfice
net de..   .   .   451 f. 60 c.

Un pareil bénéfice, sur un capital engagé de 3,318 fr.
constitue de l'argent placé à plus de 16 p. 0/0; et encore faut-il remarquer que nous n'avons évalué la
botte d'osier qu'à 2 fr. 50 c. tandis que depuis trois
ou quatre années elle vaut 3 fr. 50 à 4 fr., le bénéfice
serait donc, si on la vendait ce prix, de plus de 20
p. 0/0.

Nous avons aussi négligé de compter la récolte de
la première année, qui peut, comme on l'a vu, produire
200 fr.; mais nous avons voulu, dans l'évaluation du
revenu, rester au-dessous plutôt qu'au-dessus de la
réalité.

ACCIDENTS IMPRÉVUS.

—◦⊰⊱◦—

Les plants d'osier, comme tout ce qui est en plein air, sont sujets à plusieurs inconvénients. Les gelées du mois de mai leur sont très nuisibles, elles retardent la végétation et empêchent l'osier de grossir. La grêle ne lui est pas moins défavorable, car elle lui ôte beaucoup de sa valeur sans toutefois le rendre impropre à la vannerie ; seulement l'osier attaqué par la grêle demande à être travaillé avec plus de soin et fait de l'ouvrage bien inférieur.

Nous ne connaissons guère d'insectes qui nuisent à la végétation de l'osier, si ce n'est le puceron qui, dans certaines années sèches, se met sous la feuille et arrête la sève.

Le liseron est beaucoup plus à redouter ; il s'enroule autour des jeunes brins, les force à se courber, et couronne l'osier. Il faut avoir le plus grand soin de détruire cette herbe, si on ne s'en apercevait que quand elle serait poussée, il faudrait la casser du pied sans essayer de la dérouler d'après le jeune brin, car on pourrait le coudre, et il ne serait plus bon à rien.

CONSIDÉRATIONS GÉNÉRALES

SUR

L'INDUSTRIE DE LA VANNERIE.

—◁╫▷—

Nous empruntons les détails suivants à la statisti-que de l'Industrie parisienne pendant l'année 1847, publiée par les soins de la Chambre de commerce de Paris.

« Pendant cette année (1847), le chiffre des affaires
» en vannerie s'est élevé, dans les douze arrondisse-
» ments de Paris, à la somme de 795,680 fr.

» La vannerie dite bronzée est d'invention pari-
» sienne; on appelle ainsi les corbeilles de fantaisie
» en osier peint ou verni, doré ou bronzé, ornées ou
» non de branches fleuries, en pâte ou en porcelaine.

» Cette vannerie ne se fait qu'à Paris ; elle se distin-
» gue par le bon goût des modèles et des décors, ainsi
» que par l'éclat du vernis.

» Plusieurs des ouvriers qui font ce genre de van-
» nerie, ont obtenu des récompenses dans les expo-
» sitions.

» Plus des trois quarts des vanniers de Paris font la
» grosse vannerie ; elle se compose notamment d'ar-
» ticles de ménage dont la plupart sont exécutés en
» osier pelé, rond ou fendu, et quelques-uns en osier
» non pelé ou osier noir.

» On fait, entre autres choses, les berceaux, les
» paniers à linge, à bois, à bouteilles, à fraises, à
» poissons ; les paniers de boulangers, de blanchis-
» seuses, de jardiniers, de maçons, etc., etc.; les pa-
» niers de ménage, de marché, les mannes-claies,
» clayons, hottes, manivaux, etc., etc. On peut ajou-
» ter à cette nomenclature l'article de théâtre.

» On fait peu à Paris de petits paniers et de clisse
» fine de flacons ; on n'y exécute guère, en ce genre,
» que la corbeille de fantaisie, le clissage, en jonc
» très ténu, de quelques cristaux, et, en rotin, des
» bouteilles à siphon.

» En 1847, le recensement a donné pour Paris,
» 141 maîtres vanniers et 281 ouvriers. Le chiffre
» moyen des affaires a été 5,643 fr. par industriel et
» de 2,822 fr. par ouvrier.

» Comme les vanniers travaillent pour presque

» tous les états et tous les ménages, ils se rencontrent
» dans tous les arrondissements et quartiers de Paris.
» Ils sont pourtant établis en plus grand nombre dans
» les douzième, huitième, septième et sixième arron-
» dissements.

» La moitié des ouvriers vanniers gagne moins de
» 3 fr. par jour ; le salaire de l'autre moitié varie de
» 3 à 5 fr.

» Le salaire modique des ouvriers vanniers rend
» leur position difficile ; ils sont forcément économes
» et d'une économie voisine de la gêne.

» La morte saison se fait peu sentir dans la van-
» nerie, elle est répartie sur toute l'année et, du reste,
» dans cet état, on peut travailler d'avance. »

Nous venons de présenter la statistique de la vannerie à Paris, nous allons maintenant la montrer dans
le département de l'Aisne où elle a beaucoup plus
d'extension.

Ce département figure au premier rang pour la production des articles de vannerie fine.

Il occupe à cette industrie plus de cinq mille personnes, hommes, femmes et enfants, répartis dans les
environs d'Origny, de Vervins, Guise, La Capelle,
etc., etc. Toutes ces localités produisent, chaque année, pour au moins trois millions de marchandises,
qui se vendent dans toutes les grandes villes de France,
et dont une notable partie est expédiée à l'étranger.

Il résulte des renseignements qui nous ont été com-

muniqués à cet égard par la direction générale de l'a-
griculture et du commerce, que l'année 1853 a vu
exporter en Belgique, en Angleterre et aux États-Unis
pour plus d'un million d'articles de vannerie et pour
environ deux cent mille francs d'osier en botte.

La forme des articles de vannerie fine, dont nous
venons de parler, varie chaque année, et subit, comme
tant d'autres choses, les caprices de la mode; on fait
de tout en vannerie fine, paniers, corbeilles, chapeaux,
cabas et quantité d'autres objets de formes diverses,
plus élégantes les unes que les autres; on en compte
plus de trois cents variétés.

Jusqu'à présent, et de temps immémorial, Paris a
tiré ses approvisionnements d'osier de la Champagne
et des environs d'Orléans. Les arrondissements de
Châlons et de Vitry envoient notamment à Paris dix à
douze mille bottes chaque année; mais l'osier de ces
localités est moins estimé que celui de la Picardie, qui
en expédie aussi annuellement plus de quatre à cinq
mille bottes.

Les environs de Vouziers (Ardennes), produisent
également de notables quantités d'osier et de vannerie
qui sont dirigées sur Paris.

L'arrondissement d'Orléans et les bords de la Loire
sont peuplés de plants d'osier d'une bonne qualité, et
dont plusieurs milliers de bottes prennent tous les ans
le chemin de Paris.

Nous estimons que les localités énumérées plus

haut, y compris la Brie, envoient ensemble chaque
année, à la capitale, vingt mille bottes au moins d'osier
blanc, et autant d'osier noir ou gris ; ce sont les grandes
lignes de chemin, qui, depuis quelques années, amè-
nent cette quantité d'osier gris, qu'on emploie, presque entièrement, à Paris et aux environs, à une foule
de paniers d'emballage de diverses formes.

Il n'en est pas de même de l'osier blanc, dont une
partie est employée à la vannerie fine et commune,
tandis que l'autre s'exporte dans les pays que nous
avons indiqués, mais seulement depuis quelques années.

Plusieurs autres provinces produisent encore de l'o-
sier et de la vannerie ; nous allons en signaler quel-
ques-unes.

Le département de la Seine-Inférieure, et notamment les environs de Rouen, récoltent beaucoup d'osier
d'une qualité médiocre dans certains terrains ; car,
nous l'avons dit plus haut, c'est la terre qui fait la qualité de l'osier. Or, dans certains terrains de ces localités, il pousse creux et sans consistance ; aussi, quand
on l'emploie, il se casse et n'est plus propre à rien ; il
est fort peu renommé et on l'emploie seulement à
à fabriquer, dans les environs, diverses sortes de paniers, entre autres ceux employés dans les fabriques
qui existent en grand nombre dans la circonscription.

Les départements de la Loire, du Loiret et de la
Loire-Inférieure, renferment, comme nous l'avons

dit plus haut, beaucoup de plantations d'osier. Cet osier, qui pousse sans culture sur les deux rives du fleuve, est de bonne qualité, surtout aux environs d'Orléans, Blois, Tours, Angers et de Nantes ; on fabrique, dans ces localités, beaucoup de vannerie, à l'usage de toutes les industries ; à Nantes principalement, on fait en grand nombre de paniers d'emballage pour l'exportation.

La Bourgogne, et notamment le département de la Côte-d'Or, produisent également de l'osier et fabriquent de la vannerie, surtout des paniers pour l'emballage des vins en bouteille. Ces localités envoient une partie de leur osier à Lyon, Valence et Marseille ; car dans ces contrées on n'en cultive presque pas ; il en pousse très peu le long des rivières, et encore est-il d'une mauvaise qualité. Une partie du Languedoc n'en cultive également que très peu et ne produit guère de vannerie ; à l'exception de Toulouse, qui fait un commerce étendu de vannerie fine et commune. On ne cultive d'osier dans ces contrées que pour occuper les ouvriers du pays ; pourtant, depuis quelques annnées, on commence à en expédier de petites quantités à Bordeaux.

Les environs de cette dernière ville cultivent très peu l'osier, quoiqu'ils possèdent l'espèce appelée *Vime*, qui est de bonne qualité, et celle dite *au Barin*, qui est tout-à-fait inférieure et ne sert en partie que pour les paniers d'emballage, dont il se fait une grande fabri-

cation, on y vend aussi considérablement de vannerie
de toute espèce.

Nous venons de donner un aperçu rapide de la production de l'osier et du commerce de la vannerie dans
un grand nombre de départements, et si nous en avons
passé sous silence d'autres qui produisent et fabriquent
en petite quantité, c'est le manque de renseignements
positifs sur leur production qui nous a forcé à ne pas
nous en occuper.

Bien qu'il y ait encore des départements qui ne fabriquent pas de vannerie, et qui même n'en vendent
que fort peu, nous avons omis le département de
la Haute-Marne et le pays du Fays-Billot, où l'on s'occupe beaucoup de cette fabrication dont les produits
sont dirigés sur Lyon et le Midi.

Nous avons également omis le département de la
Marne, notamment Reims et Châlons, où on rencontre bon nombre de vanniers qui travaillent à cons-
truire de grandes quantités de paniers destinés à l'emballage des vins de Champagne, ainsi que des paniers
et mannes de toutes espèces, en usage dans les fabriques, filatures, etc., etc.

Le département de la Meurthe mérite toute notre
attention pour sa production spéciale d'osier. Certaines
parties de ce département, notamment l'arrondissement de Lunéville, les environs d'Ogéviller, de Buri-
ville, de Fréménil, Benamenil, Dougevin, et les col-
lines d'alentour, renferment des terrains qui produi-

sent de l'osier tel qu'on n'en rencontre nulle part. Ce sont des terrains d'alluvion gras et profonds, donnant un osier sans moelle, bien effilé, souple comme du jonc. Les vanniers qui s'en sont servi ont reconnu l'incontestable supériorité de cet osier, dont la valeur est au moins un tiers de plus que celui des autres départements.

Malheureusement, les habitants du pays ont négligé cette culture jusqu'à ce jour, et leur récolte est toujours restée bien au-dessous de ce qu'elle aurait pu être.

Comme nous avons remarqué que ces terrains, spéciaux en quelque sorte à la production de l'osier, étaient impropres à toute autre plantation, nous venons d'y faire un plant modèle d'osier, d'après les procédés indiqués dans cet ouvrage.

Indépendamment de la production de l'osier, le département de la Meurthe fabrique aussi de grandes quantités de vannerie, qu'il expédie dans les départements voisins, tels que les Vosges, le Jura, le Haut-Rhin et le Bas-Rhin, où cette industrie n'est que peu connue. Il en expédie même depuis quelques années pour Paris.

Avant l'établissement de nos grandes lignes de chemins de fer et de nos canaux, on n'aurait pu songer à donner de grands développements à la culture de l'osier et à son utilisation; mais aujourd'hui que de puissantes machines en suppriment l'espace et en rapprochent les points les plus éloignés, on transporte en peu de temps et à peu de frais les produits de cette culture, et on ne saurait trop produire. Désormais plus d'inquiétude sur les facilités de transport et d'écoulement, chaque jour voit s'ouvrir de nouveaux débouchés, chaque industrie voit de nouveaux encouragements à son perfectionnement.

Nous sommes entrés dans tous ces détails afin que les localités qui fournissent abondamment l'osier, n'aient aucune inquiétude sur l'écoulement de ce produit par rapport à quelques autres départements que nous avons signalés à dessein et dont les terrains sont impropres à cette culture.

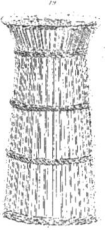

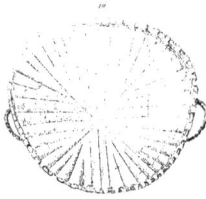

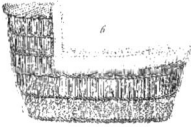

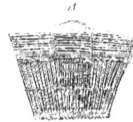

PETIT MANUEL

DU VANNIER.

—◦❀◦—

On ne saurait historiquement préciser à quelle épo-
que on a commencé à fabriquer de la vannerie ; mais
tout concourt à démontrer que cette industrie remonte
à la plus haute antiquité.

Nous tirons le passage suivant de l'Encyclopédie,
ou Dictionnaire raisonné des sciences, des arts et métiers, publiée en 1765 par une société de gens de
lettres.

« L'art de la vannerie est fort ancien. Les pères du
» désert et les pieux solitaires l'exerçaient dans leurs
» retraites, et en tiraient la plus grande partie de leur
» subsistance. »

Nous trouvons dans le Dictionnaire raisonné et uni-

versel des arts et métiers, par l'abbé Jaubert, publié
en 1773 et réimprimé en 1802, la notice suivante :

« A Paris, la communauté des vanniers-quincaillers
» a des statuts depuis l'année 1467 ; ils ont été con-
» firmés par des lettres-patentes de Louis XI et réfor-
» més, sous le règne de Charles IX, par arrêt du Conseil
» du mois de septembre 1561, enregistré au Parle-
» ment la même année. On ne sait d'où leur est venu
» le nom de quincaillers qu'ils ont dans leurs
» statuts.

» Les apprentis qui aspirent à la maîtrise sont obli-
» gés au chef-d'œuvre, et le reste comme dans les
» autres corps. On compte à Paris environ trois cents
» maîtres vanniers. »

La vannerie se divise en trois parties distinctes, la
vannerie fine, la vannerie proprement dite ; la mandrerie ou mandellerie ; la clôturerie ou closerie, qui
ont donnés leurs noms aux ouvriers qui s'occupent
plus spécialement de chacune d'elles.

Il y a donc : 1° les vanniers proprement dits, qui
font la vannerie fine ou fantaisie ; 2° les vanniers man-
delliers qui font la mandrerie ou la mandellerie, c'est-
à-dire la vannerie commune à l'usage du ménage et
de toutes les industries : c'est la plus répandue ; 3° les
vanniers clôturiers ou closiers, qui fabriquent les vans,
vannettes, hottes à vin, picotins, etc., etc. Cette partie
est la plus ancienne, la forme de ces produits, qui

change peu, est à peu près la même dans toutes les localités (1).

L'origine du van, dont les vanniers tirent leur nom, se perd dans la nuit des temps, et jouait un assez grand rôle dans les cérémonies païennes ; nous transcrivons à ce sujet les détails suivants dans l'*Encyclopédie* de 1765 déjà citée :

« On connaît cet instrument à deux anses, courbé » en rond par derrière, et dont le creux diminue in- » sensiblement sur le devant, ce qui lui donne la » forme d'une coquille. Voilà la conque célèbre des » Égyptiens, des Romains et des Athéniens ; disons » pourquoi.

» L'enfant chéri d'Osiris et d'Isis, et le serpent qu'on » y joignit, passèrent d'Égypte à Athènes, qui était

(1) Nous avons trouvé dans la collection des planches de l'*Encyclopédie*, les figures suivantes d'objets de vannerie que nous reproduisons, parce que leur forme a peu varié et que ce sont les plus anciens.

Ces objets, qui appartiennent aux trois parties de la vannerie, sont :

1 berceau à la mode de Nantes, c'est la forme la plus ancienne. (Pl. 3, fig. 6.)
1 hotte à vin. (Pl. 3, fig. 7.)
1 claie à punaises. (Pl. 3, fig. 8.)
1 panier à jour. (Pl. 3, fig. 9.)
1 van. (Pl. 3, fig. 10.)
1 panier à salade. (Pl. 3, fig. 11.)
1 chauffe-chemises. (Pl. 3, fig. 12.)
1 cage à pied. (Pl. 3, fig. 13.)
1 panier à bouteilles. (Pl. 3, fig. 14.)
1 panier à argenterie. (Pl. 3, fig. 15.)

» une colonie venue de Saïs et de là furent portés bien
» loin. Telle est visiblement l'origine de l'usage qu'a-
» vaient les Athéniens de placer les enfants dans un
» van, dès leur naissance, et de les y coucher sur un
» serpent d'or. Cette pratique était fondée sur la tra-
» dition que la nourrice de Jupiter avait placé ce dieu
» dans un panier nommé van et que Minerve avait fait
» de même pour Erichtonius.

  » De si grands exemples ne pouvaient qu'accréditer
» dans la Grèce l'usage de mettre sur une corbeille les
» enfants nouvellement nés. C'est pourquoi Callima-
» que nous dit que Némésis, attentive à toutes les
» bonnes pratiques, posa le petit Jupiter sur un van
» d'or. C'était en même temps une cérémonie fort or-
» dinaire chez les Athéniens, surtout dans les familles
» distinguées, d'étendre les enfants sur des serpents
» d'or.

  » On n'ignore pas que le van était consacré au dieu
» du vin, et à Mystica Vannus Jacchi, dit Virgile.

  » La tradition donne deux raisons de cette consé-
» cration du van mystérieux à Bacchus. L'une parce
» que Isis avait ramené dans un van les membres
» épars d'Osiris, qui est le même que Bacchus et que Ty-
» phon avaient mis en pièces. L'autre raison est prise
» de ce que les vignerons offraient à Bacchus, dans un
» van, les prémices de la vendange. »

Non-seulement la vannerie existe depuis un temps
immémorial, mais elle est encore connue et exercée

Pl. IV

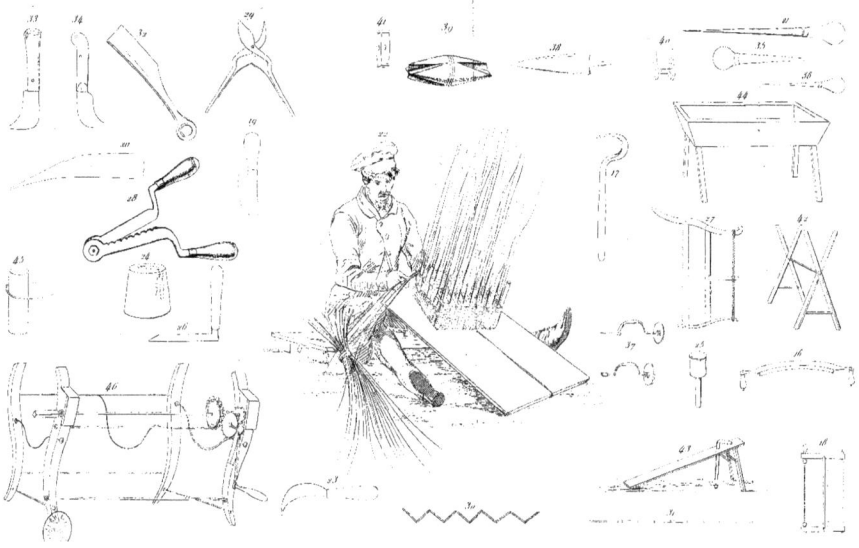

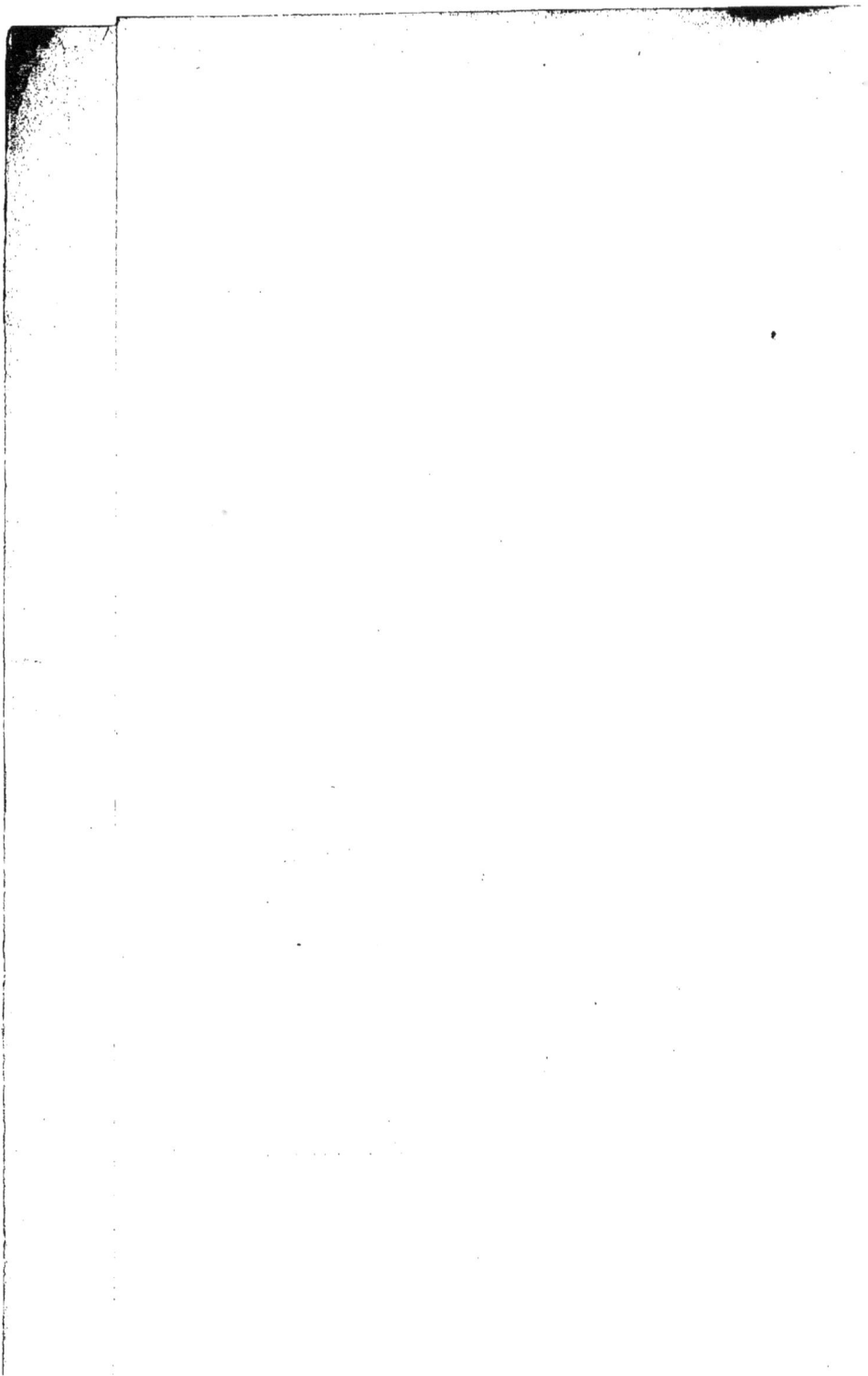

avec une certaine perfection par les peuples pri-
mitifs chez lesquels n'a encore pénétré aucune industrie.

Ainsi, nous lisons dans la relation d'un voyage de
Levaillant : « Une sauvage m'offrit une abondante
» provision de lait dans des paniers qui me parurent
» d'osier. Mon étonnement fut grand ; du lait dans des
» paniers, me dis-je, voilà une invention qui m'an-
» nonce bien de l'industrie. »

Les sauvages de certaines îles se bâtissaient des
huttes en vannerie, et une des principales industries
des Indiens refoulés dans leurs forêts, était de venir
vendre aux Européens des petits paniers en osier pelé
et peints en rouge et noir avec des signes analogues à
ceux dont ils se tatouaient le corps et le visage.

Il n'existe guère d'état qui exige aussi peu d'outils
que celui du vannier ; ainsi, dans l'*Encyclopédie* à
laquelle nous avons déjà fait plusieurs emprunts, nous
trouvons la nomenclature suivante des outils ancien-
nement employés par les vanniers.

Un plane (Pl. 4, fig. 16);

Une bécasse (Pl. 4, fig. 17 ;

Une scie à main (Pl. 4, fig. 18);

Un épluchoir (Pl. 4, fig. 19);

Un fer à clore (Pl. 4, fig. 20);

Un poinçon moyen (Pl. 4, fig. 35).

Ces outils sont encore en usage et nous en complet-
tons la liste par le détail suivant d'autres outils indis-

pensables, dont nous indiquons le prix approxi-
matif.

Il faut un établi en planches de sapin ou de chêne,
de 0,02 c. à 0,25 d'épaisseur, long d'un mètre à un.
mètre cinquante, large d'un mètre à un mètre vingt-
cinq ou trente, selon que le vannier fait de plus ou
moins forts ouvrages. Ces planches sont jantayées
dans la largeur et assujetties aux deux bouts et au milieu par de fortes traverses d'au moins 6 à 8 c. d'é-
paisseur et 8 à 10 c. de largeur, bien clouées sous la
table. La table doit être bien dressée d'aplomb sur le
sol ou le plancher. Voir le vannier à son établi
(Pl. 4, fig. 22).

Cet établi coûte de. . . . . . . 8 à 12 fr.

Il faut ensuite une sellette sur laquelle le vannier
pose son ouvrage et le fait tourner devant lui. Cette
sellette doit avoir de 0,50 c. à 0,60 de long, sur 0,40
à 0,50 de large. Ses dimensions sont proportionnées
au volume des ouvrages. (*Voyez* encore le vannier
sur l'établi et son panier.)

Elle coûte. . . . . 4 à 5 fr.

Une serpe à bois. (Pl. 4, fig. 23). . . . 2 fr.

Un billot pour apprêter les barres que l'on met
sous les paniers ou les mannes servant aux fabriques
ou à d'autres emplois (Pl. 4, fig. 24). . . . 3 fr.

Un maillet en bois dur pour frapper sur le fendoir
à fendre le bois (Pl. 4, fig. 25). . . . . . 1 fr.

Un fendoir en acier, à manche de bois (Pl. 4,

fig. 26) du prix de. . . . . . 2 fr. 50 à 3 fr.

Une scie à gros bois (Pl. 4, fig. 27). 4 fr. 50 à 5 fr.

Une scie à main, pour scier les coins des paniers et autres petites choses (Pl. 4, fig. 18). 2 fr. 50 à 3 fr.

Une paire de cisailles pour couper le châtaignier, le noisetier ou les gros brins de marsolle que le vannier emploie dans certains ouvrages (Pl. 4, fig. 28) 6 à 7 fr.

Un sécateur qui sert à couper tous les bouts d'osier pour faire les fonds de paniers et coursonner quand il fait de l'ouvrage à jour (Pl. 4, fig. 29). . 4 à 6 fr.

Un mètre pliant pour prendre toutes mesures (Fig. 30). . . . . 1 fr.

Un mètre droit en bois qui reste toujours à côté de l'établi pour mesurer la pièce, au fur et à mesure de son avancement (Fig. 31). . . . . . . 1 fr. 50 c.

Un batte en fer pour frapper le travail au fur et à mesure qu'on passe les brins d'osier les uns sur les autres. Cette batte sera plus ou moins forte suivant la force de l'ouvrage (Fig. 32). . . . . . 2 fr.

Un fer à clore; cet outil sert plus aux vanniers clôturiers qu'aux autres (Fig. 20) . . . 1 fr. 50 c.

Une serpette à manche de bois, qui sert à apprêter le bois et à le fendre pour faire les enfonçures de divers paniers (Fig. 33). . . . . 2 fr.

Une serpette à manche pliant, qui sert à tailler l'osier pour les paniers (Fig. 34) . . . . 2 fr. 50 c.

Un poinçon fort pour faire des trous dans le travail, afin d'y introduire de forts brins d'osier, de fortes anses ou autres choses (Fig. 21). . . . 2 fr. 50 c.

Un poinçon moyen pour ouvrages plus fins (fig. 35), du prix de. . . . . 1 fr. 50 c.

Un poinçon servant aux ouvrages minutieux; il y en a de plusieurs dimensions, notamment pour le vannier qui fait la vannerie fine (Fig. 36). 1 fr. à 1 fr. 50 c.

Un épluchoir qui sert à éplucher l'ouvrage achevé (fig. 19). . . . . 1 fr. 25 c.

Les épluchoirs varient de dimensions, mais non de prix.

Un plane pour planer les barres en bois que l'on met sous les paniers (Fig. 16). . . . 2 fr. 50 à 3 fr.

Un vilbrequin (Fig. 37). . . . . . 2 fr.

Plusieurs mèches anglaises et autres dont le prix varie suivant la grosseur (Fig.). . 25 à 60 cent.

Une tarière, qui sert aux vanniers pour percer de forts trous tels qu'aux fonds des hottes (Fig. 38), du prix de. . . . . 3 à 4 fr.

Un fendoir en bois qui sert à fendre l'osier en trois ou quatre, suivant sa grosseur; cet osier fendu sert à ceux qui font ou raccommodent la vannerie fine (Fig. 39). . . . . 50 cent.

Une planette pour amincir l'osier fendu ou pour faire la clisse; on passe le petit bout de l'osier dans la planette, ont tire à soi, et en le passant plusieurs fois on le rend aussi fin qu'on le désire (Fig. 40). 75 cent.

Un équarissoir. Cet outil sert à équarrir la clisse qu'on a passée dans la planette et à lui donner une largeur uniforme (Fig. 41). . . . . . . 75 cent.

Indépendamment de tous ces outils, le vannier doit encore avoir un chevalet à scier le bois (Fig. 42), un chevalet à planer (Fig. 43) et une auge en bois pour mouiller l'osier (Fig. 44). Cette auge doit être en bois de chêne, longue de deux mètres au moins, et large de 30 centimètres. Souvent on fait doubler cette auge en zinc, elle peut coûter ainsi garnie de 15 à 20 fr. suivant les localités.

Il existe beaucoup d'autres outils en usage dans la vannerie fine, que nous ne croyons pas devoir mentionner ici.

Le lieu où travaille le vannier doit être humide et peu exposé au grand air, car l'osier préfère la fraîcheur à la sécheresse.

Aussi choisit-on, de préférence, les endroits frais et parfois même les caves, notamment dans les grandes villes.

Dans certaines localités l'atelier se trouve quelquefois au premier et même au second étage ; cela peut avoir de grands inconvénients, car il faut monter l'osier mouillé quand on travaille l'osier blanc; on l'expose à sécher, alors son emploi devient difficile et il peut casser s'il n'est de bonne qualité. L'osier, nous le répétons, demande à n'être pas travaillé en plein air. On doit donc préférer, pour faire son atelier, un rez-de-chaussée et avoir à sa proximité une cour ou emplacement quelconque pour y ranger debout le châtaignier, le noisetier, en un mot, les bois destinés à la fabrication de la vannerie.

Il est aussi indispensable d'avoir une cave pour la trempe de l'osier noir ou gris. Quand cet osier est sec il lui faut au moins huit jours pour tremper, c'est-à-dire pour le rendre souple et propre à être mis en œuvre.

Pour cela, on le descend à la cave et tous les jours on l'arrose en ayant soin de retourner les bottes, pour qu'elles prennent également l'eau partout.

Dans certains endroits on trempe l'osier dans des courants d'eau, mais alors on doit le charger avec des pierres pour qu'il ne puisse être entraîné.

L'osier ainsi trempé peut être mis en œuvre au bout de deux ou trois jours ; on le retire de l'eau et on peut l'employer après l'avoir laissé se ressuyer.

Quand l'osier noir ou gris est vert ou même seulement à moitié sec, on l'emploie sans le mettre à l'eau, pourvu toutefois qu'il ne soit pas exposé à la sécheresse; on en fait autant pour le cinquantin, le noisetier, et tous les bois qui servent à la confection des paniers. Plus le bois est souple, plus son emploi est facile pour les vanniers et clôturiers qui font les vans, vannettes, hottes à vin, corbeilles et autres articles de la vannerie en clôture. Pour ces ouvrages on emploie du jeune chêne de vingt-cinq à trente ans, et autant

que possible, le pied seulement ; on le choisit aussi
droit que possible, on le coupe suivant la longueur des
ouvrages et on le fend sur une épaisseur et une largeur qui varient suivant son emploi, de 1, 2, 3, 4, 5,
6 centimètres et plus.

Lorsque le bois est fendu vert on le laisse sécher ;
puis, quand on veut l'employer, on le place dans un
fossé préparé pour cet usage, ou dans l'auge désignée
plus haut (fig. 44), et on l'y laisse séjourner pendant
huit jours, selon que l'eau est plus ou moins douce.
Lorsqu'il est bien souple, on le retire et on le met en
œuvre après qu'il a eu le temps de se ressuyer.

Si le bois n'avait pas été fendu étant vert, il faudrait
le chauffer, c'est-à-dire le mettre dans un four chaud et
le laisser long-temps à la chaleur ; on le retire ensuite
et on le fend.

On emploie le même procédé pour redresser le bois,
seulement on se sert d'un redressoir en fer ou bécasse
(fig. 17), dont le prix est de 2 fr. 50.

Pour tourner les bois et donner la forme que l'on
veut aux anses des corbeilles et de van, on choisit de
beaux brins de chêne ou de châtaignier de la pousse
de trois ou quatre années, suivant la force qu'on
désire ; on les fait bien chauffer, comme ci-dessus,
puis on les tourne sur un morceau de bois (fig. 45).

Pour mouiller l'osier blanc, le vannier le met dans
l'auge désignée plus haut (fig. 44), il l'y retourne bien

pour qu'il soit également mouillé partout, l'en retire, puis le place aussitôt sur la trempe, et le met en œuvre après deux ou trois heures de mouillage.

CONCLUSION.

—◄◖◗►—

La mécanique, qui cherche à s'emparer de tout, ne s'est pas encore, que nous sachions, emparée de l'industrie de la vannerie ; nous croyons que l'emploi des machines ne pourrait pas être bien avantageux dans cette profession, attendu le bas prix de la main-d'œuvre, surtout dans les campagnes.

Je termine ici en exprimant le désir d'avoir rempli le but que je me suis proposé en composant ce petit traité. Si je suis assez heureux pour être utile aux personnes auxquelles j'adresse ce petit ouvrage, j'en publierai une seconde édition plus détaillée, dans laquelle je mentionnerai les nouveaux progrès que j'aurai obtenu dans la culture de l'osier, ainsi que les développements qu'aura pu prendre l'industrie de la vannerie.

TABLE DES MATIÈRES.

—)ⰀⰀⰀ(—

PARIS. — IMPRIMERIE H. SIMON DAUTREVILLE ET COMP^e,
Rue Neuve-des-Bons-Enfants, 5.

PARIS. — IMPRIMERIE H. SIMON DAUTREVILLE ET Cᵉ,
Rue Neuve-des-Bons-Enfans, nᵒ 3.